LE CHEMIN DE FER

DE

PRADES-NIÈGLES AU PUY

A. MOULIN

LE PUY

IMPRIMERIE RÉGIS MARCHESSOU

PEYRILLER, ROUCHON ET GAMON, Successeurs

23, BOULEVARD CARNOT, 23

—

1905

LE CHEMIN DE FER

DE

PRADES-NIÈGLES AU PUY

LE CHEMIN DE FER

DE

PRADES-NIÈGLES AU PUY

A. MOULIN

PROFESSEUR AU LYCÉE DE TOURNON,
CONSEILLER MUNICIPAL DE TAIN.

LE PUY

IMPRIMERIE RÉGIS MARCHESSOU

PEYRILLER, ROUCHON ET GAMON, Successeurs

23, BOULEVARD CARNOT, 23

1905

LE CHEMIN DE FER

DE

PRADES-NIÈGLES AU PUY [1]

Il existera bientôt, — mettons dans 8 ou 10 ans, si nous avons su agir, nos représentants et nous-mêmes, — une ligne de chemin de fer cévenole d'un pittoresque merveilleux, d'une variété d'aspect incomparable, d'une utilité économique à ce point évidente qu'on ne peut s'étonner que d'une chose : sa tardive exécution. C'est la future voie ferrée du Puy à Aubenas par le Monastier et Montpezat. Greffée sur la ligne vellave de Saint-Georges-d'Aurac à Saint-Étienne, ou plus exactement sur la ligne, en construction du Puy à Langogne, elle se détachera de cette ligne, à trois kilomètres environ de la métropole du Velay, s'élèvera graduellement sur le glacis septentrional du mur surbaissé des Cévennes, le franchira souterrainement par 45 degrés de longitude est, et, redescendant le talus, viendra rejoindre à Prades-Niègles le tronçon qui depuis plus de 20 ans lui tend la main, détaché au Teil de la grande voie rhodanienne de la rive droite de Lyon-Alais-Nimes. Cette ligne, mesurera 98 kilomètres, de son origine haute-loirienne : Brive-Charensac, à sa terminaison ardéchoise,

---

Prades-Niègles. Comme le petit, si pittoresque, mais si incommode et si lent, chemin de fer interdépartemental La Voûte-sur-Loire, Saint-Agrève, La Voulte-sur-Rhône, qui, 10 lieues au N.-E. franchit les Cévennes à une altitude sensiblement pareille, la future ligne d'Aubenas au Puy doit rendre un inestimable service aux deux régions qu'elle est appelée à relier. Elle rétablira entre le Velay et le Bas-Vivarais des relations qui existaient de temps immémorial, qui leur étaient à tous deux également profitables, et que l'apparition des chemins de fer, à l'ouest par Langogne, à l'est par Firminy, Dunières et Peyraud, a quasi suspendues, au grand détriment de leurs populations. Un des personnages ardéchois qui connaissent le mieux cette question, d'un intérêt si puissant pour les deux pays, M. Urbain Durand, ingénieur, ex-conseiller général d'Aubenas, a bien voulu me communiquer à ce sujet de nombreux documents, dont certains inédits, qui doivent à sa haute compétence technique et administrative, une exceptionnelle valeur. La présente étude leur devra la majeure partie de son mérite éventuel, et je ne saurais débuter mieux qu'en offrant à M. U. Durand un témoignage public de ma cordiale gratitude. Je me plais également à remercier de leur obligeant empressement à me fournir, soit des renseignements locaux précis, soit les cartes ou tracés officiels qui me guideront dans cette étude, M. le sénateur Charles Dupuy, mon ancien et vénéré maître; mon compatriote et ami Arsène Mont-champ, maire de Lantriac; M. Auguste Vincent, directeur de l'école primaire supérieure d'Aubenas et conseiller général de Vallon: M. Roux, ingénieur des Ponts et Chaussées à Tournon; M. J.-B. Agier, instituteur public à Thueyts; M. Al. Béalet, instituteur public à Saint-Cirgues-en-Montagne.

La future ligne de Prades au Puy devait être primitivement comprise dans le célèbre plan Freycinet: des intrigues ou des influences personnelles s'y opposèrent : d'autres lignes beaucoup moins utiles eurent ainsi la chance inespérée d'être étudiées et construites, alors que la ligne de Clermont au Teil par Le Puy et Aubenas demeurait inachevée, sauf dans le tronçon d'Aubenas à Prades. C'est ainsi que l'intérêt de toute une importante région fut sacrifié pour satisfaire à quelques besoins locaux.

La question, aujourd'hui, se pose à nouveau, et dans de nouveaux termes. Il n'y a plus à s'inquiéter des lignes, décidément secondaires, qui concurrencèrent victorieusement, il y a vingt ans, le tracé que nous attendons toujours. L'évidence du véritable besoin n'a fait que grandir, et quelque intérêt qui parût s'attacher à d'autres tracés, tels, par exemple, que celui de Prades à la ligne de Langogne (soit au Luc, soit à la Bastide), les deux conseils généraux directement intéressés n'ont pas tardé à reconnaître l'énorme supériorité de la voie qui utiliserait, au moins en partie, la haute-vallée de la Loire et le cours supérieur de l'Ardèche ou de son affluent, la Fontaulière. Quant à la Cie P.-L.-M. le procès était, on peut le dire, gagné d'avance en ce qui concernait notre ligne. Car avec la ligne du Puy à Langogne, sans parler des grosses difficultés techniques que rencontre sa construction, difficultés prévues, et malaisément surmontées, entre Solignac et Coubon, on ne donne satisfaction qu'à une faible partie de la population du Velay. La ligne de Prades au Puy, au contraire, relie les deux départements d'une façon beaucoup plus centrale. Il avait été question, croyons-nous, d'embrancher, à Solignac même, sur la ligne de Langogne au Puy, le tronçon de Prades ; il n'eût comporté, dès lors, que 76 kil. de parcours, au lieu de 90. Le tracé aujourd'hui préféré par la vallée de la Gagne et la coquette « station » des Pandraux permettra tout au moins de faire l'importante économie d'un immense viaduc sur la Loire, aux abords de Chadron.

*
* *

Supposons terminé, tout au moins aux abords du Puy, le chemin de fer depuis longtemps projeté, déclaré d'utilité publique, étudié, tracé sur le terrain, commencé même, qui doit relier Le Puy à Langogne par Solignac et Costaros. Cette ligne se détache de celle de Saint-Étienne à 1,500 mètres environ de la gare du Puy, sous les villas de Bellevue. Il longe le plateau de Mons ; sa première gare domine Charensac. Deux kilomètres plus loin, il fait au Sud un coude brusque, et gardera désormais cette direction générale. Or c'est là précisément, en vue du rocher de Gendriac, en face du confluent de la Loire et de la Gagne, au hameau de Peyrard, que doit, sur la ligne du Puy-Langogne, s'embrancher notre future voie ferrée, à destination d'Aubenas.

On a beaucoup parlé, et l'on parlera sans doute encore, des tramways électriques qui doivent relier la métropole du Velay avec les deux plus importantes localités de la région avoisinante : St-Julien-Chapteuil à l'Est, et Le Monastier au Sud-Est. Ces lignes s'établiront-elles jamais ? Si la voix ferrée d'Aubenas aboutit enfin, comme nous y comptons bien, la première serait inutile, pour le moment tout au moins. L'autre plus que jamais demeure *in votis*. Et au risque de voir disparaître les vénérables voitures, qu'Ardouin-Dumazet, voyageur juste, mais sévère, appelle irrespectueusement des « guimbardes préhistoriques » (voir *Voyage en France*, 11e série, ch. VIII), je ne puis que désirer avec lui l'avènement de plus confortables véhicules, le long des jolies vallées de la Gagne et de la Sumène. Or, la voie ferrée d'Aubenas, à partir de Peyrard, longera la rive gauche de la Gagne, parallélement au chemin de grande communication n° 102, qui probablement eût porté le tramway. En face de l'admirable dyke de la Roche-Rouge, elle quittera le sol fait jusque là d'alluvions quaternaires, immédiatement surmontés d'un assez mince cordon d'argiles miocènes, pour s'accrocher au dur granit, où poussent péniblement des bouquets de pins à « peignes », rabougris et tourmentés. Sous le bois, plus fourni et plus ombreux, des Pandraux, en face de l'étrange butte basaltique de Servissac, et au sortir d'un court tunnel qui domine le hameau du Roure, sera probablement la deuxième station. Portera-t-elle le nom des Pandraux, que tendent à populariser des auberges ; — dont une a des prétentions, voire des prix, d'hôtel, — ainsi que la réclame faite autour de la source minérale, que seuls connaissaient, il y a trente ans, les gens du pays ? Ah ! combien elle était meilleure, alors que nous étions enfants, l'eau de la « fontaine salée » ! Il se peut que la petite station porte le nom de Lantriac. On est ici, en effet, sur les confins de cette commune dont Georges Sand a si bien décrit dans *Le Marquis de Villemer*, le modeste chef-lieu, bien plus accueillant aujourd'hui qu'il n'était alors. Le tracé que paraît avoir choisi la Cie P.-L.-M., d'accord avec le ministère des travaux publics, laisserait à près d'un kilomètre au levant le bourg de Lantriac, et longe-rait le chemin n° 113, qui va rejoindre, une lieue plus loin, la route du Puy au Monastier par Peyrard, au Pont de Molines.

Le désir, comme l'intérêt, des habitants de Lantriac, est naturellement, que ce tracé soit un peu modifié. Il s'inflé-chirait à l'Est, suivrait le ruisseau — le *riou* — remontant jusqu'auprès de Laussonne, par une pente très douce et une vallée dont, jadis, nous appréciâmes la pénétrante poésie ; et irait rejoindre un peu en dessous des Badioux, le tracé, — dirons-nous — officiel? Ce tracé, longeant et défigu-rant très probablement les curieuses grottes ou *cabor-nes*) de Couteaux forme, vers le kilomètre 15, en face du château de l'Herm, un premier coude fort brusque, suivi, une demi-lieue plus loin, d'un autre crochet, plus raide encore, au passage du ruisseau de Laussonne, un kilomè-tre en amont du Pont de Molines. Le tracé par Lantriac et les Badioux aurait, à mon avis, le triple avantage — d'être un peu plus court, avec une pente aussi douce, — affranchi de deux tournants excessifs, — plus avantageux enfin pour les populations, très intéressantes. de deux fortes commu-nes, Lantriac et Laussonne. Il est à présumer que mon vieil ami A. Montchamp, l'actif et dévoué maire, appuyé, comme il faut croire, par son conseiller général et son député, saura, de concert avec son collègue de Laussonne, défendre énergiquement les vrais intérêts de sa région. Les touristes, eux, n'auront qu'à gagner à cette modification.

Aussitôt après le 20e kilomètre, au tournant d'une falaise de plus de mille mètres d'altitude, qui écrase de ses brèches noires et compactes, transformées, çà et là, par l'altération éolienne, en une sorte d'ocre rougeâtre, les argiles sableuses et les chailles de calcaire jurassique, bien con-nues des géologues, — une tuilerie, propriété de

M. W. Liogier, les exploite industriellement — Le Monastier surgit. C'est à mi-côte du profond vallon de la Recoumène, sous la route du Puy, que se trouvera la gare. Cette route, prochainement, si ce n'est déjà fait, bifurquera, sous le hameau du Villard, et, plus rapidement que la vieille chaussée de Brives par la Terrasse et Arsac, ira, par Coubon et Taulhac, ou, si l'on veut, par la Tour et par Brives, rejoindre le chef-lieu.

La voie ferrée longera l'ancienne et commerçante cité de Saint-Chaffre, méchamment occis par les Sarrasins, il y a douze siècles, et dont l'excellent M. G. Fontanille, avocat et géographe érudit (1), suppose que les touristes de l'avenir contempleront, « non sans quelque émotion », le buste en chêne plaqué d'argent, comme il a fait lui-même, sauf, apparemment, à se remettre ensuite de cette émotion devant l'excellente table de l'hôtel Arsac, Chabrier, Ponsonnaille. Elle traversera, un peu plus loin au sud, la claire et poissonneuse Gazeille, issue des Estables, longera le talus droit du profond torrent de Présailles et, tout en face des croupes puissantes et boisées de Breysse (1.286 m.), s'enfoncera souterrainement en plein granit à 500 mètres à peine du modeste village que son légendaire curé a immortalisé de ce côté des Cévennes.

Le tunnel, à consulter la carte géographique, doit traverser, vers les deux tiers de son parcours, un lambeau de basalte pliocène, probablement issu du volcan de Breysse. Les trains ressortiront 2 kilomètres plus loin au sud, entre les fermes de la Bessède et de Genève. Au dessous se trouvera la station de Présailles, qui portera peut-être aussi le nom de Vachères, bourg que domine l'imposant château du xve siècle dont les hautes tours à pignons, à 800 mètres de là, au nord, se dressent superbement, ceintes de sapins drus et noirs.

On est là au 30e kilomètre. Une descente hardie sur le ruisseau d'Orcheval, venu, par delà Massibrand, des pentes gazonnées du Rocher Tourte (1.536 m.), se produit sur un viaduc courbe, d'où la vue s'étend longuement, au levant,

---

(1) G. Fontanille. *Du Mézenc aux sources de la Loire*, le Puy, 1904, p. 13.

sur les hautes montagnes. Puis vient un tunnel, sous le hameau des Arcis ; et l'on atteint, par un site d'une beauté superbe, riant et sévère tour à tour, le village d'abord, puis la gare d'Issarlès (kil. 35).

Nous sommes toujours en plein pays granitique, depuis la faille du Monastier, nettement indiquée par Termier et Boule, qui coupe normalement la route à la sortie même de la ville, et sépare le haut plateau de granit et de gneiss de la région des argiles et des sables à chailles.

Seulement, çà et là, et sous le bourg même d'Issarlès, se remarquent des plateaux basaltiques d'assez faible étendue, lambeaux, sans doute, de puissantes coulées préhistoriques, dont l'origine, cette fois, doit être cherchée plus loin, à l'Est, vers Montfol, le Mézenc, Bauzon peut-être, et qui datent probablement du pliocène supérieur.

Cette région est vraiment belle. Sans avoir l'austérité grandioses des hautes vallées du Mézenc, elle possède une variété d'aspects, un charme captivant, une grâce intime et reposante. Il y aura là, dit Ardouin-Dumazet, place pour une admirable station estivale, à distance à peu près égale du Puy et de Prades.

La Loire, tout près, à l'ouest, coule à une grande profondeur, dans une vallée étroite, dominée, de l'autre côté, par les pittoresques escarpements de Chanteloube et de Lafarre, qui appartiennent encore à la Haute-Loire, alors que, sur sur cette rive et depuis le pont d'Orcheval, nous sommes désormais en pays Ardéchois.

*
* *

Je n'entreprendrai pas de décrire, une fois de plus, le beau lac d'Issarlès, que longera notre ligne à l'ouest et au sud. On trouvera cette description, fort bien faite, soit dans la 34e série du *Voyage en France* d'Ardouin-Dumazet, soit dans la substantielle brochure : *Du Mézenc aux sources de la Loire* de M. Gaston Fontanille. M. Martel, le célèbre explorateur des Causses et des Cévennes, le compare à « une émeraude enchâssée dans un anneau de tuf ». Figure aussi exacte que poétique : ce lac, d'un superbe ovale (1,000 m. sur 1,300, le gros bout au Sud), occupe une

dépression — cratère d'effondrement et non d'épanche-
ment — profond de 108 m. au centre ; et, sauf vers l'Est,
où le cratère éguculé de l'ancien volcan de Cherchemus le
domine de près de 400 m., ce sont des talus de faible hau-
teur, de largeur également médiocre, partout boisés, qui
l'entourent. Si bien que, de trois côtés, le nord, où gronde
la Veyradeyre, l'ouest où coule la Loire, profondément
encaissée, et la gorge de la Gage, au sud, il faut monter,
comme au bord d'un socle, pour apercevoir le lac, dont le
niveau domine l'Océan de près de 1,000 mètres. Certains,
remarquant qu'aucun cours d'eau ne sort visiblement de
cet énorme réservoir de 60 millions de mètres cubes, ont
cru (voir *Revue encyclopédique*, année 1889, p. 634, un très
intéressant article de Jean Volane) qu'il alimentait les
célèbres fontaines de Nîmes et de Vaucluse. Toujours est-il
que de puissantes sources, notamment au N.-O. vers le
Moulin du Lac, sont très probablement nourries de ses
infiltrations. On a fait bien des projets pour utiliser ces
eaux, merveilleusement fraîches et pures : le propriétaire
actuel, successeur du marquis de Vogüé, songeait, paraît-
il, à dériver, pour remplir le lac jusqu'au bord et action-
ner, au fond des trois vallons, de puissantes turbines, les
eaux babillardes de la Loire naissant, en amont de Sainte-
Eulalie, ou celle de la Veyradère entre le Béage et la Char-
treuse de Bonnefoy. D'autres songeaient, songent peut-être
encore, à fournir son eau délicieuse à la consommation de
la ville du Puy, de préférence au lac du Bouchet ; il a
même été question d'amener à Paris, par un immense
aqueduc de près de 200 lieues, les eaux du lac d'Issarlès.

Le chemin de fer longera le lac au Sud-Ouest, sur les
scories de basalte d'abord, le granit gneisique ensuite. Le
tracé, toutefois paraît favoriser moins la vue du lac que le
panorama de la Loire, depuis la profonde gorge d'Issarlès
jusqu'aux sources minérales de Lands, plus abondantes et
plus savoureuses qu'il n'en faudrait pour justifier la vogue
d'une station balnéaire de montagne, facile à rattacher,
vers l'ouest, à l'excellente route de Coucouron, et vers
l'est, à celle de Sainte-Eulalie et du Gerbier des Joncs, par
le Cros de Géorand.

La 7e section sera établie au haut du petit hameau de Bonnaud ; la 8e une lieue et demie plus loin, vers le 45e kilomètre, un peu au-dessus de la Palisse. Ce village de pêcheurs, avec ses toits de chaume, a l'air frileusement blotti le long de la Loire en face du confluent de la Vernazon. Le chemin de fer est arrivé là par une pente assez douce ; un long et haut viaduc l'aide à enjamber la Loire, il va maintenant remonter jusqu'au col de Sagnas, la Vernazon et son frais affluent de droite, le ruisseau de Mazan. Tous deux sont issus, plus au sud, de l'épaisse et superbe forêt domaniale, à 1,400 mètres d'altitude, et leurs eaux doublent, à elles seules le débit du jeune fleuve.

La vallée, de la Palisse à Saint-Cirgues, est encaissée avec d'étroites prairies au fond ; les côtés sont plantés de sapins et de fayards, qu'interrompent çà et là de laids clapiers granitiques. Dominant la vallée, sur la rive gauche, les ruines à peu près informes du château des Éperviers. La vue de ce point, mais plus encore des hauteurs de Rachassa, qui lui fait face, est immense et grandiose : on découvre, tout près, à l'est, les hautes et sombres pentes du suc de Bauzon (1,474m), plus loin le suc du Pal : entre deux, la dépression où se blottit le minuscule lac Ferrand, presque longé par la route de Montpezat à Usclade et le Béage ; plus au nord, le pain de sucre du Gerbier (1,560), le Lizeret (1,536), le Séponet (1,539), la Lauzière (1,588), le suc de Montfol 1,601, et tout au fond, la robuste silhouette du Mezenc ; au sud, à droite et très loin de Beauzon, les rochers d'Astet 1,580 et d'Abraham (1,501), entre lesquels, de la Chavade à Thueyts, coule l'Ardèche, dans une vallée profonde parfois de 1,000 mètres. C'est là que passe, déclive à décourager l'automobile fantôme de Pierre Mille lui-même, la route nationale 102, de Clermont à Viviers, par l'auberge de Peyrebeille, de sinistre mémoire.

Saint-Cirgues-en-Montagne, qu'on atteint au 49e kilomètre, est un bourg commerçant, aux foires renommées, avec deux hôtels confortables et près de vingt auberges ; elle est, plus que Coucouron ou Issarlès, la capitale de la montagne ou du haut plateau vivarais. La population, toute

de rudes montagnards, les *rayots* ou *pagels*, — est encore
arriérée, ignorante et fanatique. Le chemin de fer rendrait,
ici plus qu'ailleurs peut-être, des services signalés. Il y
apporterait plus de douceur et de bien être, il y ferait péné-
trer, avec le progrès agricole, l'émancipation intellectuelle
et morale. Et de ce merveilleux pays, « de ce parc splendide
et immense, où l'on peut marcher un jour entier le long des
routes forestières ou au gré de sa fantaisie sans sortir de
l'enchantement, sans voir le soleil, sans rencontrer figure
humaine », de ces grands bois de Mazan ou de Bauzon, le
chemin de fer ne parviendrait pas à chasser le charme intime
allié à la noble et hautaine poésie : « Ceux dont le cœur
fut meurtri, les berceurs de rêves déçus, ceux qui, lassés,
ont renoncé à la poursuite de leurs chimères, les écrivains
assoiffés d'absolue solitude », suivant la vibrante expres-
sion de Jean Volane — trouveraient encore un sûr et profond asile dans les sites perdus de ces vastes plateaux.

. .

De la gare de St-Cirgues, établie près des scieries de Bar-
beneuve à 1,050 m. d'altitude, la voie ferrée s'élève, le long
du ruisseau de Mazan, jusqu'à la côte 1,100, entre les
hameaux de Prajure et Babiouse. Là, commence, forêt en
plein gneiss, le tunnel dit de Sagnas, le plus long du tracé
tout entier ; les trains sortiront 2,800 m. plus loin au Sud-
Est, sous le hameau de Marugier, près du Roux à une altitude un peu inférieure à celle de l'entrée. Mais le paysage
déjà a changé d'aspect ; aux immenses pâturages, aux forêts
sombres, ont fait place des vallonnets successifs, ensoleil-
lés et riants : l'arbre vivarois et méridional, le châtaignier,
s'y mêle aux sapins et aux hêtres, et finit par les rempla-
cer plus bas. La vigne pousse déjà au Roux, dont le gros
et bruyant ruisseau, qui fait tourner un important moulinage, est sorti de la brèche, aujourd'hui large ouverte, de
l'énorme Vestide du Pal. Ce cratère que Joanne, non sans
exagération peut-être, déclare « le plus beau du monde »,
serait tout au moins, au dire de l'excellent géologue Dal-
mas, « le type le plus parfait et le plus facile à étudier de
tous les volcans de l'Ardèche et de la Haute-Loire. »

La vallée de cet important cours d'eau — la Fontaulière, — est profondément encaissée ; la voie ferrée la suit d'abord à mi-côte, après le pont et la station du Roux (kil. 55, alt. 990) ; puis franchissant la route à La Valette, contourne un haut et mince éperon rocheux, y pénètre par un tunnel demi-circulaire de près de 200 m. et se trouve avoir ainsi gagné au dessus de la Blachère de Montpezat, une différence de niveau que le tracé sous mes yeux permet d'évaluer à 150 m. au moins. Ce curieux travail, le plus remarquable de la ligne tout entière, rappelle, trait pour trait, le fameux « escargot » de Bourg-Argental ou ceux des fantastiques lignes de Vif et de la Mure.

La petite ville de Montpezat, tout au fond de la vallée, est entourée d'assez loin au nord, par le chemin de fer. Ce vieux bourg autrefois le plus florissant de toute cette industrieuse contrée, et l'un des centres de la coutellerie commune et solide, doit aujourd'hui presque toute son activité au moulinage de la soie. Ardouin Dumazet parle du dernier survivant de ses vingt-cinq couteliers comme d'une sorte de fossile : « Lui parti, la coutellerie de Montpezat aura vécu, comme a vécu l'importante fabrique de gilets de laine qui fonctionnait jadis. »

Nous sommes à 65 kilomètres de l'origine haute-loirienne de la ligne : 15 kilomètres à peine, à vol d'oiseau, nous séparent de la station de Prades, notre raccord terminal ; mais il s'agit de l'altitude où nous sommes — plus de 700 m. à la gare de Montpezat, — de redescendre à la côte 250. Les ingénieurs ont résolu cet embarrassant problème en développant leur ligne, autant que l'ont permis, d'une part la configuration du terrain, extrèmement accidenté, et les probabilités du trafic commercial de trois cantons contigus, très industrieux et peuplés dans les vallées : Montpezat, Burzet et Thueyts.

L'âpre et haute chaîne du Mont-Aigu et du Montasset oblige la voie ferrée à s'infléchir vers le hameau des Chandouards, en un long crochet au Nord ; très bas, au fond, coule la Bourges, issue du haut Areilhadou (1.450), dont la cime dépasse, de loin en loin, les escarpements du Chalembelle et du Ray-Pic. Près de Burzet, à la Valette, un tunnel en hardi demi cercle; la voie redescendant cette fois le cours de la Bourges, qu'elle remontait tout à l'heure, dessert, au kil. 72, la station de Burzet. Elle côtoie ensuite St-Pierre de Colombier, franchit, en un étrange et inoubliable paysage basaltique, sur lequel je reviendrai peut-être, la Fontaulière, près du pont d'Amarnier, et se creuse un passage souterrain dans l'épaulement oriental du fameux volcan de la Gravenne de Montpezat, au cœur même de la rouge Gravenne de Thueyts; — de telles percées, sans nul doute, seront inestimables pour les géologues. Au kil. 80, si le tracé devait être définitif, s'élèverait la gare de Thueyts, près de l'escarpement à pic du Pavé des Géants, qu'escaladent les degrés prismatiques de l'Échelle du Roi, non loin de la Gueule d'Enfer.

Un hardi crochet près de Serrecourt, un pont sur l'Ardèche, en vue des imposantes ruines de Ventadour; une station — l'avant-dernière, — en arrière de la Beaume en face de Niègles; 6 kilomètres encore, le long de l'Ardèche, dont une route très animée nous sépare à gauche; et, par Lalevade, nous voici parvenus, kil. 90, à la station terminale. C'est Prades, presque Aubenas, et désormais le Midi.

* *

Du chemin de fer qui vient d'être ainsi décrit par anticipation, que faut-il penser? Plus exactement, que convient-il d'augurer, à l'heure présente, de son établissement et de son avenir?

La Cie P.-L.-M., on ne doit pas l'oublier, n'a jamais manifesté beaucoup d'enthousiasme pour la ligne du Puy à Langogne. Elle eût préféré, — et ne s'en cachait pas, — construire la ligne du Puy à Aubenas, si l'on eût voulu la dispenser du « Puy-Langogne ». La première, en effet, sera sûrement productive, alors que tout donne à prévoir qu'on devra recourir, quand fonctionnera — très prochainement — la deuxième, à la fâcheuse garantie d'intérêt. Par malheur, « Le Puy-Aubenas » n'était pas compris, en 1878, dans le sacro-saint, l'immuable « plan Freycinet », conception gigantesque et presque géniale dans son ensemble, mais

dont il est avéré aujourd'hui que plusieurs parties ont été
— et demeurent — de regrettables erreurs.

L'autre ligne, au contraire, figurait au « plan Freycinet ».
On s'explique dès lors très bien que les hommes politiques
les plus intelligents et les plus avisés de la Haute-Loire
aient poursuivi avec une inlassable persévérance la réalisation de ce tronçon de 40 kilomètres, qui doit, à la pointe
méridionale du département, relier la ligne de Nimes à
celle de Saint-Étienne. Ils avaient à cœur d'aboutir, coûte
que coûte ; ils craignaient, non sans raison, qu'à risquer
imprudemment la proie certaine, on ne s'exposât à courir
après l'ombre dans une région déjà fort délaissée, et qui
pouvait demeurer telle longtemps encore, l'occasion perdue.
Qui pourrait aujourd'hui leur donner tort ? Le tracé « Le
Puy-Langogne » est, à l'heure actuelle, en bonne voie de
réalisation ; le moment approche où, par Solignac et La
Sauvetat, la locomotive escaladera les pentes du Rayol, pour
redescendre par Pradelles à Langogne. Ayant satisfaction
de ce côté, il leur est loisible, dès maintenant, de tourner
leurs efforts du côté du Sud-Est et de chercher à rattacher
le Puy à Aubenas, par le Monastier, Montpezat et Prades.
Un tel effort, de la part des hommes politiques de la Haute-
Loire est éminemment logique et raisonnable. Nul n'ignore,
dans ce pays, le rôle prépondérant qu'ont assumé, à cet
égard, deux éminents sénateurs, MM. E. Vissaguet, président du Conseil général, et Charles Dupuy, ancien président
du Conseil des ministres. Les députés n'ont été ni moins
clairvoyants, ni moins actifs. Dès la précédente législature,
M. Louis Vigouroux signait, avec son collègue M. Henri
Blanc, alors représentant de la 2e circonscription du Puy,
une proposition de loi en faveur de la ligne qui doit about-
tir à Prades ; il marchait, d'ailleurs, sur les traces de deux
de ses collègues de l'Ardèche, MM. Astier et feu Odilon-
Barrot. Quant au député actuel du Puy-Sud, M. Joseph
Durand, il a bien voulu tout récemment encore, m'assurer
du prix qu'il attache à la réalisation d'une telle œuvre, où
se trouve sérieusement engagé l'avenir du pays vellave.
« L'exécution de ce projet, affirme-t-il, ne rencontre aucun
obstacle du côté de la Haute-Loire, le Conseil général de

ce département ayant déjà voté, en août 1904, sur la proposition de l'honorable député, la charge financiè re réclamée par l'Etat comme condition de sa coopération propre. »

On sait quelle est la nature et l'importance de cette charge : les deux départements intéressés doivent concourir financièrement à l'établissement de la ligne, en acquérant de leurs deniers, chacun sur son territoire, les terrains nécessaires. En conséquence, le Conseil général de la Haute-Loire a été saisi, en temps voulu, de cette exigence du ministre des Travaux publics (sur avis préalable du Conseil d'Etat). Il a mis les communes intéressées, c'est-à-dire situées sur le parcours du futur chemin de fer : Brives, Saint-Germain, Lantriac, Laussonne, le Monastier, Présailles, au courant de ces conditions, et les a invitées à s'imposer pour aider le département dans ses sacrifices pécuniaires, l'achat des terrains pouvant être évalué, dans la Haute-Loire, à 7 ou 800,000 francs. Toutes les communes ont consenti.

Or, par une lettre en date du 13 septembre 1904, M. Maruéjouls, ministre des Travaux publics, informait M. Charles Dupuy, sénateur, qu'il « n'avait pas encore reçu la délibération du Conseil général de la Haute-Loire portant offre de subvention ». L'Ardèche, d'ailleurs, était plus en retard encore : je dirai plus loin pourquoi. Et M. le Ministre, « l'élément essentiel de la question de savoir si la ligne peut être établie à titre d'intérêt général » faisant défaut, disait attendre, pour poursuivre l'instruction de l'avant-projet, que la question des subventions départementales « eût subi une solution ».

M. Maruéjouls a reçu, depuis, la réponse attendue. Son successeur, l'honorable M. Gauthier, dispose donc de tous les « éléments essentiels » à la poursuite des négociations et à leur achèvement normal. Si donc les pourparlers engagés entre Paris et Le Puy subissent en ce moment un certain temps d'arrêt, la responsabilité n'en doit plus être imputée à la Haute-Loire. Devant l'importance du but à atteindre, le Conseil général de ce département a eu la sagesse de délibérer avec ensemble, décision et célérité, sans d'ailleurs méconnaître la grandeur des charges qu'il acceptait pour lui-même ou qu'il imposait aux communes, mais sans s'exposer non plus, par des atermoiements maladroits ou des marchandages intempestifs, à décourager des concours indispensables.

* *

Que s'est-il passé, au contraire, du côté de l'Ardèche ?

La situation, dans ce département, est tout autre que chez nous, et, bien que l'opinion s'intéresse ardemment, dans le Bas-Vivarais, à l'établissement d'une ligne dont l'urgence a fini par s'imposer, la solution du problème y est demeurée plus longtemps problématique. Il semblait qu'on y portât la peine d'une lourde faute antérieurement commise, d'une injustice non encore réparée. Nous y avons fait, au début de cette étude, une allusion directe : il convient d'y revenir avec plus de netteté.

Nul n'ignore ici qu'une préférence inattendue, scandaleuse presque, fut donnée, en 1879, par les deux Chambres, à la ligne étroite dite de l'Erieux (La Voulte-sur-Rhône — La Voûte-sur-Loire), sur le chemin de fer du Puy à Aubenas. M. l'ingénieur Urbain Durand, dans sa très intéressante brochure intitulée « La vérité sur le chemin de fer de Prades au Puy » (Aubenas 1902), a parfaitement expliqué ce point typique de l'histoire ardéchoise. Le Conseil général du département, sur un rapport de l'ingénieur en chef des Ponts et Chaussées, *absolument favorable au tracé « Prades — Le Puy »*, et sur l'avis conforme de la commission des routes et chemins de fer (rapporteur Ch. Seignobos), s'était, le 11 avril 1878, prononcé *à l'unanimité pour* cette proposition. Ce qui n'empêcha pas qu'à la session d'août suivante, le projet de loi revint au Conseil général, avec le chemin de fer de l'Erieux substitué à celui d'Aubenas au Puy.

Le Conseil, « travaillé » dans l'intervalle, accepta la substitution. Des influences, dont le mystère est aujourd'hui percé à jour, s'étaient activement employées, soit dans le pays, soit dans les ministères. Grâce à elles, l'intérêt général du département fut sacrifié pour quarante ans, plus peut-être, à la satisfaction de besoins purement locaux.

On est stupéfait, aujourd'hui, de la faiblesse, pour n'employer que ce mot, des arguments invoqués à cette époque pour motiver — ou excuser — l'abandon du tracé « Aubenas-Le-Puy ». Cette ligne, disait-on, devait coûter trop cher. Les hommes du métier l'évaluaient à 28 millions de francs, 30 millions peut-être. (Les devis détaillés du projet actuel, plus long de 15 kilomètres, ne dépassent pas 36 millions de francs). Or, sait-on que la ligne de l'Erieux, substituée à la nôtre, a coûté plus de quarante-cinq millions ? Et elle n'est qu'à voie étroite !

On alléguait encore le peu d'importance des relations entre les deux vallées de la Loire et de l'Ardèche. Il suffit, pour rétablir la vérité, de se reporter aux chiffres, officiels et irréfutables, cités au début de la présente étude.

On avait fait croire encore à la Commission parlementaire qu'il fallait franchir, pour aller au Puy, deux chaînes de montagnes. Or, il suffit, nous l'avons vu, de traverser le col de Sagnas, près de Mazan, à 1,050 mètres d'altitude pour passer du bassin de l'Ardèche dans celui de la Loire. Des difficultés, autrement réelles, de la ligne de l'Erieux, on ne voulait rien dire et pour cause. On ne pouvait d'ailleurs prévoir, ni les glissements des Nonières, ni les acrobaties de la région d'Intres, ni la catastrophe du Bon-Pas.

On donna, d'ailleurs, un os à ronger aux partisans déconfits du tracé « Aubenas-Le Puy » : l'embranchement de Saint-Sernin à Largentière ! Même le chef du parti de l'Erieux, M. le député Clauzel, conseiller général de Saint-Pierreville, prit l'engagement solennel, au nom de ses amis et au sien, de défendre énergiquement les intérêts de la ligne d'Aubenas au Puy, « dès la première occasion ». La mort a empêché le très loyal Clauzel de remplir sa promesse. Ses amis, heureusement vivants pour la plupart, estiment que le moment est venu de tenir la leur.

On pouvait craindre, toutefois, qu'à l'encontre de la majorité républicaine du Conseil général de l'Ardèche, favorable au projet, tel que le proposait l'administration préfectorale, la forte minorité constituée par les représentants des cantons nord, ne créât des difficultés nouvelles. La principale était, pour beaucoup, le peu d'intérêt que présenterait un tel projet, dans des régions désormais bien pourvues, ou convenablement desservies par les lignes ferrées du Rhône ou de l'Erieux, ou d'Annonay. L'événement a prouvé que cette appréhension était excessive, sinon tout à fait vaine. MM. J. Roche, de Gailhard-Bancel, de Framond, de la Tourette etc., se sont finalement solidarisés avec leurs collègues du Centre et du Sud. Leurs journaux, il est vrai, ne sont pas venus sans rechigner à cette nécessaire et prudente attitude. L'occasion était trop belle, de se donner aux yeux des contribuables, le rôle toujours avantageux de gardiens vigilants des deniers publics, d'infatigables défenseurs des ressources départementales, menacées follement de surcharge et de ruine: « Que nous veut-on encore s'écriait notamment l'*Indépendant* de Tournon? la dette de ce département, à 17,000 fr. le centime, dépasse déjà 1,300,000 fr. ; et voici que vous préméditez une nouvelle entreprise qui va coûter 36 millions à notre malheureuse Ardèche! Comment gager cette somme? Et puis. comment payer les 12 ou 1300000 fr. que coûteront les terrains traversés par votre ligne? jamais les communes « si pauvres », des cantons de Coucouron, Montpezat. Burzet. Thueyts, n'accepteront de tels débours ! Aussi bien, l'Etat ne devrait-il pas endosser toute cette dépense? Nous enrichissons ses caisses, alors qu'il dote chichement la nôtre. La preuve, c'est qu'il ne subventionne, dans l'Ardèche. ni garnisons (et Privas?), ni places fortes (*sic*), ni arsenaux militaires *sic*), ni ports (*sic*). Vous voyez donc bien que nous sommes exploités, et c'est votre faiblesse, c'est votre servilité « de corps tout dévoué à l'administration » qui fait tout le mal ».

Nous avons tenu à mettre sous les yeux du lecteur cet échantillon de nos polémiques. L'injustice de ces récriminations est manifeste. Pas un instant, la presse opposante n'a voulu convenir que de telles conditions ne sont ni exceptionnelles, ni excessives. Dans le département voisin, où les hommes politiques ne sont ni plus insoucieux des deniers publics, ni surtout plus « gouvernementaux » que dans l'Ardèche, on a vu le Conseil général accepter sans barguigner, pour un temps assez long, des charges assurément lourdes, mais dont il espère que sortiront plus tard d'importantes plus-values générales. Tout, en effet, donne à prévoir que la ligne du « Grand Central », Clermont-Le Puy-Aubenas-Le Teil, une fois ouverte à l'exploitation, rémunèrera largement, non seulement la Compagnie qui l'aura construite, mais l'État, qui, peu d'années après, en aura la propriété, mais surtout les départements que cette magnifique voie intéresse.

Inutile, je crois, d'insister davantage. Je ne dirai rien non plus des projets fantaisistes, des tracés parfois extravagants que certains ont imaginés jusqu'à la dernière heure, dans le but d'inquiéter ou d'égarer l'opinion, de décourager finalement les crédules populations des campagnes ardéchoises ; par exemple, une voie directe de Prades à Luc ; ou encore de Prades à Langogne, soit par la vallée du Lignon, soit par celle de l'Ardèche.

*
**

Je m'excuserai, en terminant, de laisser de côté une autre question, dont je suis loin d'ailleurs de méconnaître l'importance : celle des tramways sur route, qui doivent, en se rattachant à notre voie ferrée, lui assurer, soit dans la Haute-Loire, soit dans l'Ardèche, des dégagements et des débouchés nouveaux. Nous avons, plus haut, dit un mot du projet, à la fois séduisant et pratique, qui relierait à la capitale du Velay le gros bourg de Saint-Julien-Chapteuil, avec prolongement possible sur Saint-Voy et le Chambon-de-Tence, par Fay-le-Froid, sur Saint-Agrève. En ce qui concerne l'Ardèche, la questions des tramways sur route, destinés à constituer un « réseau cantonal » complet, vient de faire un très grand pas, sinon d'accomplir sa dernière et décisive étape. Je ne puis en ce moment donner qu'un aperçu forcément insuffisant des desiderata du département et des satisfactions qui lui sont actuellement consenties. Le réseau dont il s'agit, même réduit aux lignes vraiment essentielles, devait drainer la région où le chemin de fer ne pénètre pas encore, et vraisemble-

ment ne passera jamais : les hauts plateaux : Mézilhac,
La Champ, Coucouron ; relier entre eux des cantons com-
merçants : Privas et Vernoux par les Ollières ; le Cheylard
et la Bégude d'Aubenas, par Mezilhac et Vals-les-Bains,
etc. Tel qu'il est revenu du ministère des Travaux publics,
investi de la déclaration d'utilité publique, le réseau con-
cédé sera beaucoup plus modeste. Il se composera des huit
lignes suivantes :

1° du Pouzin à Privas :
2° de Privas à Aubenas ;
3° d'Aubenas à Uzer ;
4° d'Uzer aux Vans ;
5° des Vans à Saint-Paul-le-Jeune ;
6° d'Uzer à Largentière ;
7° de Vallon à Ruoms ;
8° de Saint-Péray à Vernoux.

Dans sa dernière session (mai 1905), appelé à se prononcer
sur l'acceptation du projet ainsi modifié, — mutilé serait
beaucoup plus juste, — le conseil général a voté, sans enthousiasme, l'emprunt nécessaire 5 millions 600 mille francs,
remboursables en 50 ans, et gagés par une imposition extra-
ordinaire, pendant le même temps, de 10 centimes addition-
nels. Il fut expressément stipulé, au cours des longues et intéressantes discussions auxquelles ce projet donna lieu, que
les dépenses occasionnées par la construction du « bloc » des
tramways, n'empêcheraient pas le département de faire les
sacrifices nécessaires pour la réalisation du projet des
chemins de fer du Puy à Nieigles-Prades (Procès-verbaux
des Délibérations du Conseil général, 1ʳᵉ session de 1905,
pp. 85 et 86 notamment : assurances de MM. Pradal,
sénateur, et Duclaux-Monteil, député).

Le Conseil général de l'Ardèche, enfin appelé dans sa
dernière séance (3 mai 1905), à se prononcer sur le concours financier qu'il fournirait à l'État pour la construction
du chemin de fer du Puy à Nieigles-Prades, s'est résolu-
ment décidé, sur un rapport très bref et très net de
M. Rigaud, à fournir ce concours, que nous disions indis-

pensable. Il prend à sa charge une somme de 20,000 fr. par kilomètre de ligne à ciel ouvert. L'assemblée départementale de la Haute-Loire avait pris, dès la veille, une décision donnant de même satisfaction à l'invitation ministérielle.

C'est, pour « Le Puy-Prades », un succès décisif.

A. MOULIN.

Ancien Professeur au Lycée du Puy,
Professeur de Philosophie au Lycée de Tournon,
Conseiller municipal du Puy.

Imp. R. Marchessou. — Peyriller, Rouchon et Gamon, suc.

www.ingramcontent.com/pod-product-compliance
Lightning Source LLC
LaVergne TN
LVHW020637180726
843502LV00006B/2096